虚拟现实
及其他
信息技术

强国少年
高新科技
知识丛书

08

世图汇 / 编著

江苏凤凰科学技术出版社 · 南京

图书在版编目（CIP）数据

虚拟现实及其他信息技术 / 世图汇编著 . — 南京：
江苏凤凰科学技术出版社 , 2022.12（2023.8 重印）
（强国少年高新科技知识丛书）
ISBN 978-7-5713-3201-3

Ⅰ . ①虚… Ⅱ . ①世… Ⅲ . ①虚拟现实 – 少年读物
Ⅳ . ① TP391.98-49

中国版本图书馆 CIP 数据核字 (2022) 第 161390 号

感谢 WORLD BOOK 的图文支持。

虚拟现实及其他信息技术

编　　著	世图汇	
责 任 编 辑	谷建亚　沙玲玲	
助 理 编 辑	杨嘉庚　钱小龙	
责 任 校 对	仲　敏	
责 任 监 制	刘文洋	

出 版 发 行	江苏凤凰科学技术出版社
出版社地址	南京市湖南路 1 号 A 楼，邮编：210009
出版社网址	http://www.pspress.cn
印　　刷	上海当纳利印刷有限公司

开　　本	718 mm×1 000 mm　1/16
印　　张	3
字　　数	60 000
版　　次	2022 年 12 月第 1 版
印　　次	2023 年 8 月第 5 次印刷

标 准 书 号	ISBN 978-7-5713-3201-3
定　　价	20.00 元

图书如有印装质量问题，可随时向我社印务部调换。

目录

 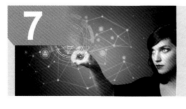

引 言

当你听到"高新科技"这个词时，你首先会想到什么技术？你会想到可以产生近乎无限能量的核聚变反应堆，还是想象出一艘高科技的航天飞机，可以将航天员带到太阳系最远的地方？也许你能想象出高铁等高速列车可以让上班族在遥远的城市之间往来。所有这些技术听起来都令人印象深刻，但它们改变你生活的可能性有多大呢？

现在想想那些更简单、更便宜、更容易获得的技术吧。平衡车或智能手表可能看起来不像核聚变反应堆或航天飞机那么令人惊叹，但这些有用的技术更有可能改变你的生活，甚至短期内就能实现。

发明家们不断开发有用的设备，这些设备有望让我们的生活变得更轻松、更充实，也许还会更有趣。因此，当你听到"高新科技"时，不要立即仰望星空。最酷的技术可能就藏在角落里、你的厨房里，甚至手腕上。

① 虚拟现实

探索想象的世界

　　偶尔，我们会想要摆脱现在的这一切。逃避现实的方式，可以是一次具有异国情调的假期旅行，可以是找一个安静的地方修养，也可以是阅读一本好书。但是，如果我们能够完全逃离现实，例如进入一个只存在于计算机内部的平行世界呢？

　　真正逃离到一个想象的世界，这个梦想促进了虚拟现实的发展。虚拟现实技术的英文简称为 VR。虚拟现实是利用计算机生成的人工三维环境，使用者可以通过手持控制器和耳机进行虚拟现实体验。这个仪器利用计算机生成的图像和声音，取代了人们平时眼睛看到的耳朵听到的东西。结果是，使用者感觉自己好像进入了另一个地方，比如一个遥远的星球，一个久远的过去，或者一个从未存在过的世界。

　　虚拟现实听起来像是有趣的游戏——事实也的确如此。人们创造的虚拟世界体现了他们的想象力，并且有助于他们思想上的交流。例如，建筑师可能会使用虚拟现实让客户在建筑物建成之前就对其有一个直观的认识。虚拟环境也可以帮助训练驾驶技术，并且模拟进行外科手术等，这种环境设定可以减少在真实世界中可能发生的危险。

> 通过使用手持控制器和耳机，人们可以探索一个仅存在于计算机内部的世界，并与之互动，这种技术称为虚拟现实。

虚拟现实装备

　　体验虚拟现实需要一些装置工具，具体需要哪些装置则取决于使用者的沉浸程度。沉浸感是衡量置身于虚拟世界中的幻觉有多令人信服的一种标准。非沉浸式虚拟现实体验可能只需要几个计算机屏幕和一个特殊控制器，身临其境的体验则需要特殊的耳机和其他配件。

亲自动手

手持控制器、魔杖道具或特殊手套道具可以让使用者在虚拟体验时进行额外的控制。

接触

大多数虚拟现实系统通过图像和声音让使用者产生现实的错觉。但一些发明者致力于为虚拟现实体验增加触觉。这些特殊的触觉手套或装备使用机械或其他设备产生振动或压力等，为使用者的虚拟现实体验增加另一种感受。

头戴式设备

沉浸式体验需要一种称为头戴式显示器（HMD）的特殊耳机。该设备包括一个或两个小显示屏和立体声耳机。头戴式显示器中的运动传感器使计算机能够跟踪使用者的头部运动。当头部转向特定方向时，计算机会确定使用者面朝该方向时所看到的图像和听到的内容。这可以让使用者能够"环顾"虚拟世界。

19 世纪的虚拟现实

　　在 19 世纪和 20 世纪早期，立体镜（上图）是一种流行的观看设备。它利用了两张从稍微不同的角度拍摄的场景照片。这些照片并排安装，使用者可以通过镜头和棱镜的组合进行观看。对使用者来说，这两张照片似乎融合成一个单一的三维图像。许多头戴式虚拟现实显示器使用类似的技巧，向使用者展示两个小屏幕或一个分屏图像，以创建深度错觉。

在洞穴环境中玩耍

洞穴状自动虚拟系统（CAVE）可以提供低沉浸感的虚拟现实体验。该系统将虚拟世界的图像投射到房间的地板和墙壁上，使用者在体验时感觉在"洞穴"中行走（右图），获得的图像随着使用者位置的改变而改变。

虚构现实

　　信息处理技术的飞速发展，美国计算机科学家杰伦·拉尼尔（Jaron Lanier）在 20 世纪 80 年代后期创造了"虚拟现实"一词。拉尼尔设想通过先进的计算机技术提供一种可对参与者直接施加视觉、听觉和触觉的体验。不管有没有计算机的帮助，人们一直都试图创建身临其境的模拟场景。

全景画

为了实现身临其境的效果，虚拟现实体验必须充满观众的整个视野。为了获得类似的体验，19 世纪时人们开始观看全景图——这是一种360°的壁画，用彩绘的图像将观众环绕住。全景画旨在让观众有一种身临历史事件或场景的感觉。许多全景画今天仍然存在。

达摩克利斯之剑

这是第一个头戴式显示器的绰号。它由美国计算机科学家伊凡·苏泽兰（Ivan Sutherland）于 1968 年创建。这个设备显示简单的计算机图像，提供随观看者头部位置变化的三维视图。巨大的耳机通过机械臂悬挂在使用者的头上（右图），就像神秘的剑悬在达摩克利斯的头顶上。

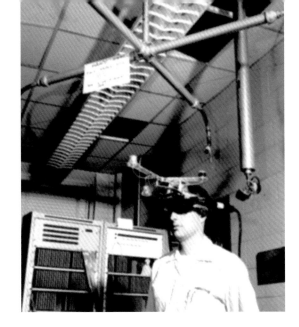

全传感仿真器

在 20 世纪中期，电影制作人莫尔顿·海利希（Morton Heilig）创造了全传感仿真器（左图）。它是一个街机风格的剧院柜，将使用者包围在各种体验的景象、声音和气味中。比如体验骑摩托车和被困在一瓶苏打水中。为了让使用者完全沉浸在这些体验中，全传感仿真器配备了扬声器、电扇、香味发生器和振动椅。

廉价的虚拟现实

众所周知，虚拟现实设备价格昂贵。谷歌公司曾在 2014 年推出谷歌纸盒（右图），这是一种更便宜的虚拟现实设备。谷歌纸盒是一种折纸耳机，它是用纸板和一些便宜的镜片制成的。将谷歌纸盒连接到普通的智能手机上，可以变成一个自己制作的头戴式显示器。

使用虚拟现实

　　虚拟现实最常见的应用可能是娱乐，尤其是电子游戏。但虚拟现实技术也有更实际的用途。下面是虚拟现实正在开发的几个实用案例。

虚拟现实可以帮助士兵进行战斗训练（下图），或者帮助汽车工程师在零件投入生产之前进行测试以改进设计（右图）。

设计

虚拟现实可以重塑设计师的想象力，使客户和其他人能够在开始实施之前改进他们的创作。建筑师可以在一块砖都还没铺之前就带着客户参观建筑物。汽车设计师们甚至在没有制造一个部件之前，就已经使用虚拟现实技术对他们的设计进行了里里外外的检查。

训练

在虚拟现实中，人们可以安全地进行一些训练，这些训练在现实场景中可能会遇到很多困难和危险。例如，军队可使用虚拟现实来帮助士兵进行战斗训练。虚拟现实技术也被用于训练航天员执行太空任务。外科医生可以在虚拟现实中实习，为较难的医疗手术做准备。

医疗

医疗专业人员已经尝试使用虚拟现实来治疗多种疾病，包括创伤后应激障碍（PTSD）等。创伤后应激障碍是一种心理疾病，患者会反复回忆、重温或梦见可怕的经历。虚拟现实可以帮助患者在治疗师的帮助和监督下重温创伤经历，从而帮助患者康复。

增强现实

虚拟现实的很多技术在增强现实（AR）技术中也有所应用。增强现实技术的使用者看不到身临其境的虚拟世界，而是看到他们周围的世界覆盖着计算机生成的虚拟细节。例如，将增强现实显示器指向一幅画，显示器可能会显示画作的名称、创作者和其他信息。

② 虚拟助理

许愿

虚拟现实可以将我们带到一些令人惊叹的地方。在现实世界中，我们许多人都需要帮助。还记得阿拉丁神灯的故事吗？阿拉丁是一个可怜的男孩，他发现了一盏神奇的灯，根据民间传说，这盏灯里住着一个强大的精灵，这个精灵可以满足神灯主人的所有愿望，他也成为解决阿拉丁问题的关键。

神灯和精灵只是民间的传说。但发明者可以开发出一个好的东西——虚拟助理。虚拟助理是一种靠语音激活的计算机程序，通常通过智能手机或称为智能音箱（左页图）的计算机设备访问。虚拟助理可以回答问题、根据要求播放音乐以及在线购物，它甚至可以通过计算机网络控制诸如照明和电子锁等家用设备。

许多人和家庭已经在使用虚拟助理，例如苹果公司的希瑞（Siri）、亚马逊的爱丽莎（Alexa）或微软的小娜（Cortana）等。随着虚拟助理变得越来越普及和越来越复杂，我们越来越多的愿望可以像阿拉丁一样实现——只需要说出指令就行。

IBM 鞋盒

1961 年，计算机公司 IBM 推出了第一个数字语音识别工具——鞋盒（Shoebox）。虽然它只能识别 16 个单词，但鞋盒引发了语音识别技术数十年的创新。今天，智能音箱可以识别数百万个单词。

乐于助人的精灵

　　将虚拟助理想象成你自己版本的阿拉丁精灵，它可以随时准备在你语音唤起时回答问题、安排约会或订购晚餐。使用者可以向虚拟助理提问或发出命令，例如"爱丽莎，今天天气怎么样"或"嘿，希瑞，将牛奶添加到购物清单中"。

起床啦

虚拟助理通常可以使用被称为"唤醒词"的特殊命令或问候语来激活。虚拟助理会在听到唤醒词之前一直在听而不应答，例如亚马逊的"爱丽莎"和苹果的"嘿，希瑞"。一旦设备听到这个唤醒词，它就会开始录制你的语音并使用互联网来解释和满足你的请求。

神奇的词

许多父母开始担心，对虚拟助理的咆哮式的命令会促使孩子在与人互动时变得粗鲁。亚马逊有一个解决方案，当一个孩子在他的请求中添加"请"时，虚拟助理会感谢他的友好提问。

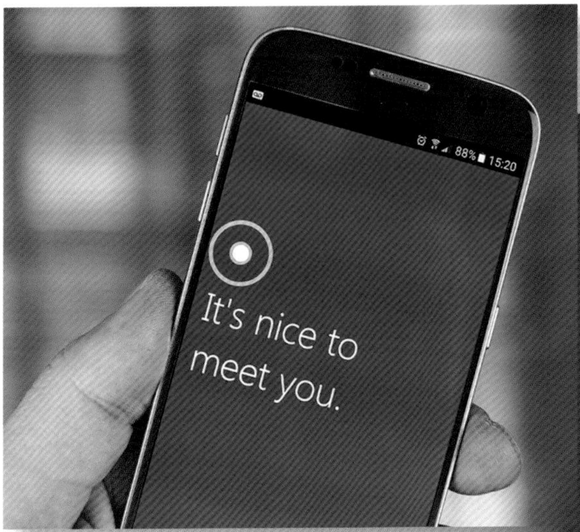

神灯

我们可以使用智能手机启动虚拟助理。但随着智能音箱（下图）的推出，这项技术真正开始飞速发展。智能音箱是一种紧凑型家用设备，包括扬声器和麦克风，它可用于播放音乐或其他声音，但主要功能是提供对虚拟助理的访问。

始终在听

虚拟助理是被动收听设备。这意味着它的麦克风始终处于开启状态。对于某些人来说，此功能会引起隐私问题。他们担心虚拟助理会记录他们所说的一切。录音可能被黑客窃取或被科技公司不道德地使用。

3 个人交通

时尚出行

　　虚拟助理可以帮助人们进行购物和启动一些服务程序。但是当你要去别的地方时，虚拟助理有什么作用呢？我们长途旅行，一般可以选择飞机、火车和汽车三种交通方式。但是当谈到普通的老式出行时，在人类历史的大部分时间里，我们在很大程度上仅限于步行。

　　技术已经开始改变这一切。假设你需要绕过街区，甚至只是从大型仓库或工厂的一侧到另一侧，今天你拥有比以往更多的选择，如各种形状和大小的踏板车，甚至是不会翻倒的自平衡车。

　　有朝一日，我们甚至可以将轮子和地面分离开来。多年来，发明者一直梦想开发悬浮滑板——一种可以飘浮在空中的滑板式飞行器。

踏板车

世界各地的人们出于各种原因使用踏板车。它们成本低且体积小，在城市中特别受欢迎，因为它们可以在狭窄的街道和拥挤的交通中行驶。因此，很多人使用踏板车作为他们的主要交通工具。

第一辆踏板车

1894 年，德国人希尔德布兰德（Hildebrand）和沃尔夫米勒（Wolfmüller）设计了第一款可量产的踏板车。几年后，法国、英国和美国的制造商开始生产踏板车。第二次世界大战后踏板车变得越来越流行。虽然今天我们仍在使用传统的踏板车，但可充电电动车已经变得更加流行。

韦士柏牌踏板车

比亚乔（Piaggio）是著名的踏板车制造商之一，该公司以创造韦士柏牌踏板车而闻名。这让许多人可以负担起这种廉价的交通工具。在 20 世纪 40 年代，它对女性来说也是一种革命性的交通工具，因为她们可以穿裙子骑乘它。直到今天，韦士柏牌踏板车仍然很受欢迎（右图）。

电动踏板车

在许多大城市随处可见，很多城市甚至还推出了共享电动踏板车计划。此类计划允许使用者在任何地方拿起踏板车，然后到目的地时将其放下。与普通踏板车一样，电动踏板车（左图）轻巧紧凑，能够穿过拥挤的交通街道。

雷热牌踏板车

雷热牌踏板车是美国著名的运动娱乐踏板车品牌之一（右图）。它创建于2000年，一经上市就深受小孩和成人的欢迎。它重量轻且可折叠，便于骑行和存放。它在旅行中方便携带，当然，小朋友们也喜欢骑着它玩耍。可以不要去寻找油箱或充电线——雷热牌踏板车是靠人脚推动的。

踏板车不只是为了人

有时，我们携带的东西也需要有地方放置。这就是为什么比亚乔创造了一个滚动机器人来搬运物品。该机器人名为吉塔（左图），能运载18千克的货物，可以跟随使用者协助完成诸如提货等任务。

悬浮滑板

当谈到时尚运动时，还有什么比滑板运动更酷的呢？没有轮子的滑板能否在稀薄的空气垫上平稳滑行呢？这种工具称为悬浮滑板。悬浮滑板可以像魔毯一样悬浮在空中，实用模型虽然尚未发明，但多年来人们一直梦想着拥有悬浮滑板。

飞行平台

在 20 世纪 50 年代，希勒航空（Hiller Aircraft）创建了第一个真正类似于悬浮滑板的东西。虽然它是当今悬浮滑板的一个非常基础的版本，但它引发了多年来制造悬浮滑板的尝试。当使用飞行平台时，使用者向一个方向倾斜，平台就会跟着倾斜。就像几十年后问世的赛格威（Segway）自平衡踏板车一样，飞行平台不会倒下，因为平台会直立移动并减速。

小型、可充电、自平衡踏板车通常被称为悬浮滑板，但它们并不是真正悬浮在地面上。

亨度悬浮滑板

现实生活中的悬浮滑板的一种尝试是亨度悬浮滑板。亨度悬浮滑板由格雷格（Greg）和吉尔·亨德森（Jill Henderson）创建，更像是在《回到未来》电影中看到的悬浮滑板。与一些自称为悬浮滑板的轮式设备不同，亨度悬浮滑板使用磁力技术悬浮在导电表面上方。

受流行文化启发

在电影《回到未来》第二部中，主角马蒂·麦克弗莱（Marty McFly）脚踩悬浮滑板从 1985 年穿越到了 2015 年。多少年过去了，想象中的悬浮滑板依然没有实现。但许多发明家受到这部电影的启发，创建了他们自己的模型。

赛格威

虽然目的地可能会发生变化，比如芝加哥的威利斯大厦、佛罗伦萨的乌菲兹美术馆或北京的奥林匹克公园，但游客们可以乘坐同一种车——赛格威游览这些景点。现在，赛格威是一种几乎由游客和警察专门使用的交通工具，它被认为是可以改变世界的交通方式。当它在 2001 年被推出时，技术人员认为它将比个人电脑更具革命性。

迪恩·卡门（Dean Kamen）将赛格威打造为"人类交通工具"，希望它成为步行和开车之间的桥梁。使用者可以站立在平台上，使用车把操纵设备运行。使用者，至少从物理学上来说不会从车上掉下来。虽然这台机器的设计看起来很简单，但它包含了一个复杂的陀螺仪系统和平衡技术。赛格威对于环境更加友好，因为它实现了零排放。

虽然"赛格威"的意思是从一种情况顺利转移到另一种情况，但赛格威向消费市场的过渡绝非一帆风顺。上市两年后，人们开始质疑它的用途。它对于人行道来说太笨重和太快，但对于马路来说又太小而且太慢。2002 年，美国许多州通过立法，允许赛格威代步车在人行道上行驶。另一个问题出现在 2003 年，当时该公司召回了 6 000 辆赛格威，因为当电池电量不足时，驾车人会摔倒。

赛格威并没有像个人电脑那样受欢迎。虽然偶尔可以看到它们载着开心惊喜的游客，但它们并没有像发明者希望的那样被广泛使用。赛格威的生产厂商在 2020 年已经停止生产了。

奇妙的轮椅

赛格威并不是卡门的第一个发明。在 20 世纪 90 年代后期，卡门推出了 iBOT。它是一种六轮电动轮椅，可以帮助使用者完成一项几乎不可能完成的任务：爬楼梯。该设备还可以将使用者提升到与眼睛齐平的高度。

4 健康追踪器

是时候检查一下身体了

大多数人都想养成健康的生活方式。我们中的一些人想吃更有营养的膳食，有些人则希望每天多运动或每晚多睡觉。对于有某些健康问题的人来说，控制好血压、血糖等健康指标可能是不进医院的关键。

健康的生活方式会让我们踏上终身健康的旅程。但是我们如何知道自己正在朝着目标前进呢？当我们的各项指标开始出现异常时，谁会提醒我们？技术已经开始提供答案——以健康追踪器的形式。

健康追踪器是监测各种健康指标的设备或计算机程序。健康追踪器可以测量你的心率，计算你走的步数，甚至记录你在夜间醒来的次数。随着追踪器会经常不断地更新程序，我们很快就会比几年前想象中的更加了解我们的健康状况。

可穿戴技术

许多健康追踪器可以佩戴在身上，但健康追踪器远非第一个可穿戴技术。过去曾出现过一些有趣的可穿戴装置，包括空调高顶礼帽和算盘环。一种真正可穿戴的新技术是所谓的智能服装，例如，智能瑜伽裤在臀部、膝盖和脚踝都有传感器，当你的瑜伽姿势需要纠正时，传感器会及时提醒你。

可穿戴健身追踪器

　　腕式健身追踪器很受欢迎。它们不仅重量轻、使用方便，而且由于各种颜色、纹理和设计，有的还非常时尚。它们的外观不同，在某些情况下功能也不同。以下是此类追踪器可以测量或监测的一些指标。

体温

当你的体温升高时，健身追踪器可能会知道你正在锻炼。但是，如果你的心率没有上升，追踪器就会提醒你可能生病了。

心率

光学心率监测仪利用光来测量心率，一般使用发光二极管。发光二极管发出的光透过你的皮肤，接着光学传感器分析反射回来的光，血液会吸收光线，因此光线水平的变化对应于心率的变化。

汗液

电流响应传感器能测量皮肤的电导率。当出汗时，皮肤能更好地导电，传感器会检测到这一点。出汗会为传感器提供有关你正在做什么的信息，因此健身追踪器可以监测身体状况。

运动

健康专家建议每天步行约 10 000 步。健身追踪器中的加速计设备会记录达到此目标的步数，它通过测量方向和加速度以确定你何时以及如何移动，随后数据被转换成步数和其他活动报告。

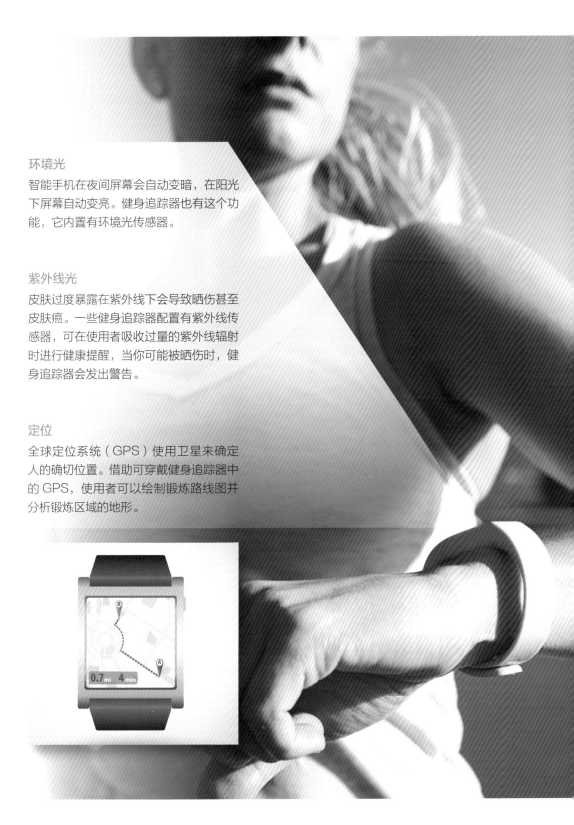

环境光

智能手机在夜间屏幕会自动变暗，在阳光下屏幕自动变亮。健身追踪器也有这个功能，它内置有环境光传感器。

紫外线光

皮肤过度暴露在紫外线下会导致晒伤甚至皮肤癌。一些健身追踪器配置有紫外线传感器，可在使用者吸收过量的紫外线辐射时进行健康提醒，当你可能被晒伤时，健身追踪器会发出警告。

定位

全球定位系统（GPS）使用卫星来确定人的确切位置。借助可穿戴健身追踪器中的 GPS，使用者可以绘制锻炼路线图并分析锻炼区域的地形。

0.7 mi   4 min

监测你的体重

控制体重或减掉多余的体重可能很困难。当对某些肥胖部位进行减肥变得艰难时，人们经常求助于技术来帮助他们赢得减重之战。

古怪的减肥设备

减肥并不是一个新现象。早在 20 世纪 20 年代的广告中，就展示了当时具有革命性的减肥技术。沃尔特（Walter）博士的著名药用减肥橡胶服承诺可以减轻体重，这要归功于腰部周围的橡皮筋，据说它可以让你流汗从而达到减肥的目的。劳顿（Lawton）博士的减脂器是另一种设备，它的设计像一个柱塞，使用时利用真空吸出多余的脂肪。这些设备几乎没有什么作用，许多设备还存在一定的危险。

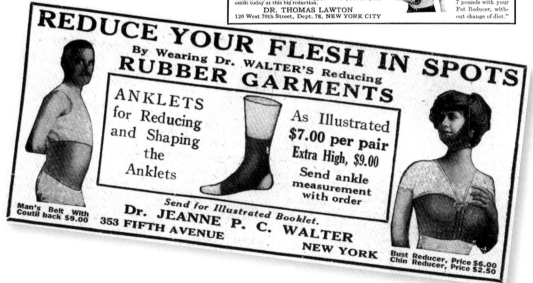

智能餐盘

智能餐盘是一种更现代的减肥设备。它不像日常的陶瓷盘或纸盘，看起来像普通的塑料盘子，它含有隐藏技术——秤和数码相机。当你将食物放在盘子上时，秤会称重，相机会为你的餐点拍照。然后高科技餐盘从数据库中获取营养信息。热量的计数信息会发送到你的智能手机上。

饮食记录智能眼镜

饮食记录智能眼镜的发明者认为，这些热量计算眼镜是能够搭配任何穿戴的完美配饰！这种可穿戴传感技术可以检测声音、振动和运动，以非常准确地监测一个人的食物摄入量。该设备在人们进食时监测咀嚼、吞咽和手对嘴的姿势，然后将结果发送到使用者的智能手机上，以便跟踪他们的饮食。

20 世纪初的报纸、广告（左页图）大肆宣传过去的"高科技"减肥潮流。

睡眠简史

　　有什么比闭上眼睛更容易的呢？然而，数百万人每晚都没有得到足够的睡眠，睡眠不足的结果远比哈欠连天和一双布满血丝的眼睛还要糟糕。疲倦的人工作效率低下，也更容易发生事故。也许这就是人们长期以来一直希望技术能帮助提高睡眠质量的原因。

床

床的发明可以算是人们为了提高睡眠质量而使用的最古老的技术之一。床的使用可以追溯到1万年前的新石器时代。在古埃及，法老拥有精致的床，而普通人只能睡在一堆棕榈树叶上。古罗马人发明了第一张豪华床，床的框架上装饰着金、银和青铜，床垫上塞满了芦苇、干草、羊毛或羽毛。

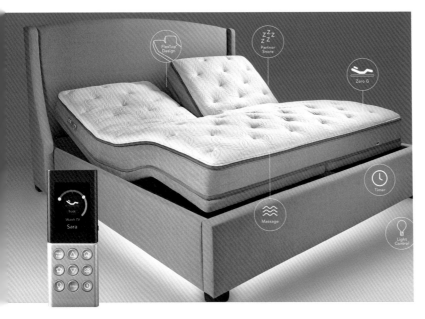

智能床垫

通过跟踪你的睡眠模式来优化你的睡眠方式。睡眠指数（Sleep Number）公司发明了一张带有传感器的床，可以跟踪你的心率、呼吸和睡眠安宁度。经过计算机的数据分析后，它会给出个性化的建议来改善你的睡眠。

别忘了宝贝

睡个好觉不仅仅是为了舒适。父母可能会因为担心孩子的健康而失眠。婴儿监视器的开发是为了确保婴儿和他们的父母都能得到安宁、无忧的睡眠。

小猫头鹰

是一款采用先进技术的婴儿监视器。它看起来像一只袜子，很容易戴在婴儿的脚上。这个设备可以检测婴儿的心率和呼吸，然后将信息发送到父母的智能手机上。

无线电护士

1937 年，第一台婴儿监视器问世，它也被称为"无线电护士"。它与现代婴儿监视器非常相似，这个设备的一个重要部分是监听装置。监听装置插在婴儿房间的某个地方，而"无线电护士"则安装在父母可以听到的地方。

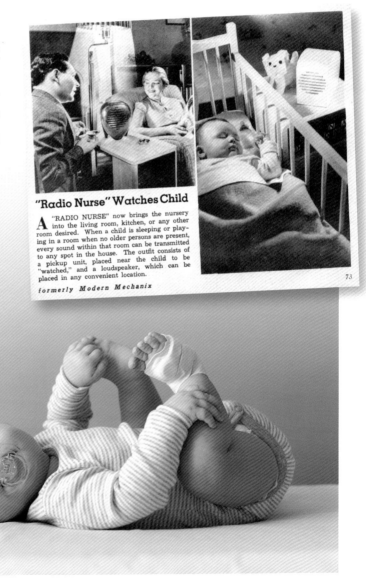

"Radio Nurse" Watches Child

A "RADIO NURSE" now brings the nursery into the living room, kitchen, or any other room desired. When a child is sleeping or playing in a room when no older persons are present, every sound within that room can be transmitted to any spot in the house. The outfit consists of a pickup unit, placed near the child to be "watched," and a loudspeaker, which can be placed in any convenient location.

73

formerly Modern Mechanix

5 智能厨房

什么是烹饪

　　说起厨房，有些人可能会想起代代相传的家庭食谱，或坐在餐桌旁边，边聊天边等待美味的饭菜在炉灶上慢慢煮熟。但有些人则认为厨房是一个艰苦、炎热的地方，甚至是辛劳的地方。发明家们正在寻求方法改变这一点，将人们从"吃什么"和花费时间制作的烹饪难题中解放出来。

福迪尼

一种名为福迪尼（Foodini）的设备创新使用了 3D 打印技术，使用者能够打印特定分量和形状的食物。发明者认为，福迪尼可以帮助使用者烹饪出有创意的和美味的饭菜。该设备的另一个卖点是健康。一旦达到一定的热量，3D 打印机就会停止打印食物，这样就可以控制食物分量并帮助使用者实现他们的健康目标。

更聪明

　　技术变得"聪明"意味着什么？智能设备使用计算机和网络来帮助我们管理生活。一个普通的冰箱只是一个存放食物的冷藏箱，但智能冰箱可以告诉你食物何时到期，帮助你制作购物清单，甚至与可穿戴健身追踪器连接，从而推荐餐点或零食。智能厨柜可以监控你保存的食物，智能烤箱可以为你提供烹饪的建议。专家认为实现智能厨房还需要几年的时间，很多公司已经开始计划。

智能烤箱

智能烤箱配有无线装置或蓝牙，是一个连接到智能手机的电灶。智能烤箱比传统烤箱更能均匀地烹饪食物。使用者无需接触烤箱就能调整烹饪温度和时间。

朱恩烤箱

一种流行的智能烤箱是朱恩（June）烤箱。虽然它像普通烤箱一样可以进行烘、焙和烤，但却有不同之处。借助内置摄像头，使用者可以观看食物的烘焙过程。烤箱还有一个应用程序，可以向你的智能手机发送通知。

智能冰箱

智能冰箱能连接到互联网，在某些情况下，还能连接到智能音箱和智能电视机等其他智能设备。它们的触摸屏让使用者能更加方便快捷地使用智能冰箱，一些功能包括制定家庭成员就餐时间表、查找食谱、提醒食物的过期时间。

微波炉

　　微波炉是在第二次世界大战（1939—1945年）中的一次偶然中发明出来的。战争期间，科学家们发明了磁控管，这是一种能产生微波的装置。磁控管最初被用于雷达（无线电探测和测距）系统。几年后，一位名叫珀西·勒巴朗·斯宾塞（Percy LeBaron Spencer）的雷达工程师注意到，他口袋里的一个糖果靠近工作中的磁控管时融化了，他才意识到微波能融化糖果。到1967年，家用微波炉上市了。

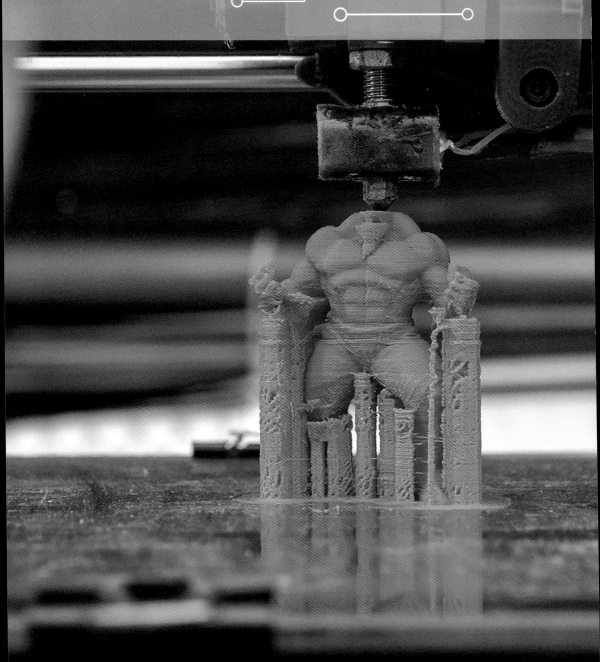

⑥ 科技玩具

游戏时间 2.0

　　智能厨房为我们提供了便捷、完善的生活。如果你能从有用的技术中获得乐趣，那些技术是不是更吸引你了呢？如今，很多玩具制造商拥有比以往更多的有用的技术，并用这些技术来创造一些神奇、有趣的玩具。你甚至可以参与到玩具的设计中来，例如 3D 打印机的设备（左图）就可以让使用者自己设计和打印玩具。

随着玩具制造商开发出一系列复杂的模型，机器人玩伴不再只是科幻小说中的东西。例如科兹莫（Cozmo），它是一种微型玩具机器人，它通过用叉车般的臂推动、堆叠和翻转特殊积木来玩游戏。科兹莫拥有活泼的眼睛和生动的语言，它还可以模仿人类的情绪，包括快乐和沮丧。如果你在一场比赛中输给了科兹莫，这个小机器人可能会跳起舞来庆祝胜利。

玩具会说话
各个年龄段的孩子都爱和他们的玩具说话，但玩具并不总是能够做出回应。"玩具说话"公司就是一家探索语言回复技术的公司。这家公司开发了能够使年轻人与虚拟角色对话的应用程序。芭比娃娃和托马斯、坦克引擎和朋友等流行玩具已经采用了这项技术。

穿越时代的科技玩具

　　科技玩具并不是什么新鲜的东西。在古非洲，孩子们喜欢玩球、动物玩具和能拖拽的玩具。古希腊和罗马的孩子们喜欢玩船、手推车、摇铃和陀螺。在欧洲中世纪，流行的玩具包括黏土弹珠、拨浪鼓和木偶。虽然它们现在看起来很简单，但这些玩具在当时都利用了一些技术。随着技术的进步，玩具变得更加有趣。

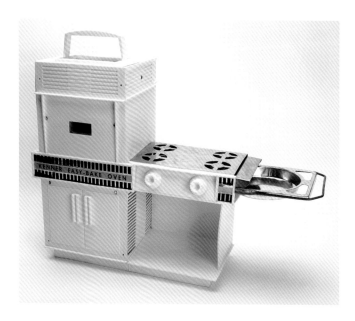

易烤箱

易烤箱于 1963 年首次亮相。虽然这个玩具不能准备一顿晚餐，但它可以让孩子们体验烹饪的乐趣。烤箱配有蛋糕粉和平底锅，配有巧克力曲奇、红丝绒蛋糕等最受欢迎甜点的食谱。早期的易烤箱使用传统白炽灯灯泡的热量来加热食物，更新的版本包括一个真正的电加热元件。

马格纳沃克斯·奥德赛（Magnavox Odyssey）
现代电子游戏设备的创始者。奥德赛（右图）发明于 1972 年，是一款家用电子游戏系统。它还带有更传统的娱乐形式：骰子、纸牌和扑克筹码。尽管奥德赛没有取得商业上的成功，但它启发了未来的家庭电子游戏系统。

玩得开心的库埃

一些好的科技玩具可以让孩子们在玩耍时学习。2017 年发布的教育机器人库埃（Cue）（上图）可以和人说话、玩游戏，但库埃也被设计用来教授编码。库埃附带了一个具有特殊"冒险模式"的计算机应用程序，会引导使用者完成一系列编码挑战。

机器狗

在 21 世纪初期，宠物狗的地位受到了新宠物——机器狗爱博的挑战。爱博的设计像一只真正的小狗，它会学习和回应主人的要求。从 1999 年到2006 年，日本东京的索尼公司推出了各种爱博型号，这些机器狗可以回答它们的名字，并帮助主人进行导航。它们还可以学习遵守数十条命令，包括说话、坐下和停下等。

全息图
和 3D 投影

让虚拟成为现实

　　虚拟现实和增强现实的体验很棒，但屏幕和眼镜总是会妨碍你。如果你可以沉浸在 3D 虚拟体验中，且无须将护目镜绑在脸上或透过屏幕凝视，那么会怎样？

　　全息技术是最广为人知的投影三维图像方法。通过用激光束扫描物体来创建的全息图像，称为全息图。反射光，以及在到达物体之前从光束中分离出来的光，会被记录在特殊的胶片或传感器上。在一定的光照条件下，图像会显示出来，看起来像是直接飘浮在显示屏的后面或前面。匈牙利工程师丹尼斯·加博尔（Dennis Gabor）于 1947 年开发了全息术，他因这项发明获得了 1971 年的诺贝尔物理学奖。

身边的全息图
你可能想象不到，其实全息图就在我们身边。但它们不用于身临其境的仙境或令人心跳加速的动作体验，其实驾照、身份证和信用卡上都有全息图。在光线的照射下，这些闪亮的彩虹色图像呈现出一种纵深的错觉。虽然这样的全息图很普通，但它们可以用于防伪，因为假的东西很难重建三维图像。

未来的全息图

　　未来的全息显示器必须克服两个主要障碍。首先，全息图不能真正从屏幕上弹出。假设你正在从显示器侧面看全息图，图像会在显示器的边缘被切断，破坏纵深的错觉。其次，目前还没有创造出多少全息内容，你不能完全进入全息的世界。不同的设备对于如何避开这些限制有不同的想法。

"佩珀（Pepper）的幽灵"仍然困扰着全息图开发人员

2012 年，说唱歌手图派克·沙库尔（Tupac Shakur）出现在科切拉音乐节的舞台上，但实际上图派克已于 1996 年去世。这是下一代全息投影吗？实际上，用来创造这种幻觉的技术不是全息术。这种技术被称为"佩珀的幽灵"，以 19 世纪中期推广该技术的英国科学家约翰·亨利·佩珀（John Henry Pepper）的名字命名。为了让观众眼花缭乱，图派克的图像被投影到台下的一块玻璃上，再通过对角放置在舞台上的透明屏幕反射出来。虽然"佩珀的幽灵"是一种巧妙的幻觉，但所需的复杂物理设置并不适合家庭使用。但许多观众认为图派克出现在科切拉是一个"全息图"。

通过窥镜

窥镜是一个盒子状的显示器，可以让人们观看全息图。通过特殊的控制器和传感器，使用者可以操纵全息图或与之互动。屏幕相对较小，但窥镜的设计师主要将其视为 3D 创作者查看其作品外观的工具，而不一定是消费产品。但这些创作者将制作第一批全息电影和游戏，未来可能用于以商业为重点的窥镜展示的内容。

巨大的光场

另一家公司计划通过制造巨大的全息屏幕来避免屏幕切断问题。光场实验室正在创建每边只有几厘米的原型显示器。它计划将该技术进行比例放大以制造更大的面板。光场实验室设想将这些巨大的全息面板卖给博物馆和娱乐场所。这些地方可以自己创建所需的特殊全息内容。

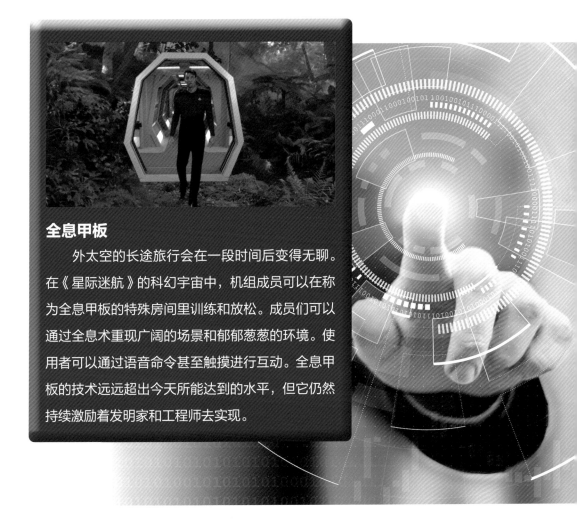

全息甲板

    外太空的长途旅行会在一段时间后变得无聊。在《星际迷航》的科幻宇宙中，机组成员可以在称为全息甲板的特殊房间里训练和放松。成员们可以通过全息术重现广阔的场景和郁郁葱葱的环境。使用者可以通过语音命令甚至触摸进行互动。全息甲板的技术远远超出今天所能达到的水平，但它仍然持续激励着发明家和工程师去实现。

3D 打印：一种制造技术，可根据计算机指令创建三维（3D）对象。

激光：一种只向一个方向发射波长范围很窄的强光束的装置。相比之下，一个标准光源产生的光有许多波长，方向都略有不同。

数字化：所有以数字代码形式使用信息的电子设备和应用程序。

头戴式显示器：包含一个或两个小显示屏和立体声耳机的设备。头戴式显示器可以是头盔、护目镜、轻型眼镜，也可以是智能手机或其他便携式设备固定在使用者面前的框架。

陀螺仪：一种利用旋转在空间中产生稳定方向的设备。

Wi-Fi：无线上网。无需使用电缆即可连接到互联网服务的能力。

虚拟现实：一种人造的三维计算机环境。

虚拟助理：一种由语音激活的计算机程序，可以执行各种功能，例如回答问题、播放音乐和网上购物。

悬浮滑板：一种没有轮子的未来派滑板，可以在气垫上平稳滑行。

增强现实（AR）：是向物理世界添加人工视觉、听觉或其他感官信息，使其看起来像是实际环境的一部分。

智能手机：一种便携式电话，配备用来执行呼叫以外的其他功能，例如提供互联网访问、支持消息传递或拍照。

智能设备：任何具有至少一个嵌入式计算机芯片的设备，可以执行各种功能并响应简单的命令。

　　智能音箱：带有麦克风和扬声器，但通常没有屏幕的小型计算机。智能音箱装有语音助手软件，允许用户在互联网上查找信息并通过语音命令控制连接的设备。

科技强国　未来有我

强国少年高新科技知识丛书

本套丛书聚焦为人类社会带来革命性变化的 10 大科技领域，主题丰富多样、图文相映生趣、知识思维并重，帮助孩子一览科学前沿的精彩风景。富于视觉冲击力和想象力的实景插图勾勒出人类未来生活图景，与对前沿科学原理的生动阐释相辅相成，带领读者一站式沉浸体验科学魅力。在增强知识储备的同时，对高新科技发展历程的鲜活呈现以及对科技应用场景的奇妙畅想，亦能启发孩子用科学思维解决实际问题。

涵盖 10 大高新技术领域，58 项科技发展趋势

触达未来场景·解读科学原理·感悟科技魅力